前言

「熟成」是隨著時間經過醞釀出來的味道，是來自時間的禮物。各位或許聽過隔夜的咖哩更好吃。靜置一晚的咖哩，那股美味正是熟成的滋味。

小時候我最愛吃麻糬沾砂糖醬油。沒吃完的放到隔天更是美味。經過一個晚上，砂糖的粒子被細分化，味道發酵成熟。孩提時品味到的砂糖醬油，決定了我的料理人生，也促使我日後開設了「下北澤熟成室」這家店。

熟成分為兩種類型。其一是靜置一段時間，藉由酵素的活動等作用讓食材產生化學反應，增加鮮味成分。吊掛在專用的熟成庫裡進行乾燥的乾式熟成牛肉（dry aging beef），或是味噌、醬油等發酵食品皆為代表。

其二是將食材加工或加熱後，進行恆溫管理，使其熟成入味。例如里肌火腿或肉醬、油漬沙丁魚、果醬等。

本書從各式各樣的熟成料理中，為各位介紹能夠在家輕鬆製作、享用的極品熟成食譜。

熟成的最大優點在於，只要靜置就會變得好吃。熟成食材的美味是必須等待才能品嘗到的頂級享受。此外，這些用鹽或油醃漬過的食材還很耐保存。

等待品嘗時機的那段期間，心中的雀躍定能豐富你的飲食生活與人生。在這個凡事追求省時省事的時代，刻意放慢步調，以養育孩子的心態來做做看熟成料理吧！

下北澤熟成室

福家征起

Contents

基本熟成法

熟成大致分為 4 種方法。
作法因食材而異，不過每一種都很簡單。

1_ *Sel*

鹽漬

在食材上抹鹽，或是用鹽水浸泡，使鹽分均勻滲透至食材內。隨著時間經過，鹽的滲透壓作用能讓食材釋出多餘水分、鮮味濃縮。

而且，鹽具有防腐的作用，可提高保存性。鹽漬過的食材也等於有了基本的調味，因此比起鈉含量高的精鹽，建議各位使用礦物質成分高的日曬鹽等天然鹽。

2_*Huile*

油封・油漬

用低溫的油慢慢加熱，提引出食材的鮮味，使其變得飽滿且柔軟。而且，油漬後的食材不會接觸到空氣，可提高保存性。使用普通的植物油或橄欖油即可。植物油就算冷藏保存也不會凝固，方便使用。油漬時，可混合一半的橄欖油增添風味。

基本熟成法

3 _Séché

烘乾

藉由烘乾食材蒸發水分、濃縮鮮味，使蔬果的糖度增加、提高甜味。日曬法會受到氣候影響，比較麻煩；使用烤箱只要放入食材就行，容易許多。為了避免烤焦，以低溫慢慢加熱，讓食材的水分蒸發，達到乾燥狀態。本書介紹的是簡單易做的烤箱烘乾法，讓食材保有軟度、呈現適度乾燥的「半乾」狀態。

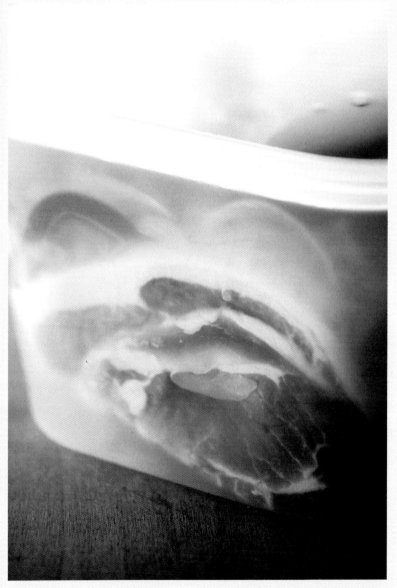

4 _Faisander

冷藏靜置

基本上所有熟成料理都需要放置一段時間，而這個方法指的是藉由靜置讓食材更美味。將調理過的食材放入冰箱冷藏靜置，讓食材均勻入味，形成有深度的滋味。

本書介紹了里肌火腿、肉醬、燉菜、湯、油封菜、磅蛋糕等菜色。完成後馬上享用，或隔天、過幾天再吃，享受味道的變化正是熟成最大的樂趣。

製作前須知

◎關於食材

● 務必選用「新鮮」的食材。
仔細確認肉、魚的加工日或產地後再購買。
鮮度不佳的食材，就算冷藏熟成也放不久，
有時還可能會產生反效果。
● 若無特別標記，使用白胡椒或黑胡椒皆可。
● 配菜、裝飾用的香草或香料，請依個人喜好選用。

◎關於熟成法‧最佳品嘗時機‧保存方式

食譜中的熟成法、最佳品嘗時機、保存方式與期限，標示如下：

例） **熟成法** 冷藏靜置

最佳品嘗時機 隔天～ 3 天後

保存 （冷藏）5 天

● 熟成法的說明請參閱「基本熟成法」（p.6 ～ 9）。
● 最佳品嘗時機是以靜置熟成的時間為基準。
● 標示（冷藏）的話，請放進冰箱保存。
● 保存期限是從處理日算起的天數。
　有時會因為食材的鮮度或季節而異，
　請將標示期限作為參考依據，自行判斷。

◎關於烹調

● 1 大匙＝ 15ml、1 小匙＝ 5ml、1 杯＝ 200ml。
● 微波爐或烤箱的加熱時間僅供參考。
　有時會因為廠商或機種而異，
　請視情況自行調整。

PART 1

Viande

肉類

說到「熟成」，

多數人會直接聯想到肉類。

本章將介紹各種方便

在家製作的熟成肉料理，

從只要用鹽醃漬的簡單菜色，

到作法細膩的里肌火腿、

油封菜等都有。

請好好品嘗熟成肉濃郁鮮美的滋味。

Porc Salé

鹹豬肉

豬肉用鹽搓揉釋出多餘水分，增加鮮味。
使用好入菜的豬五花肉或肩胛肉來製作，能變化出多種料理，相當方便。

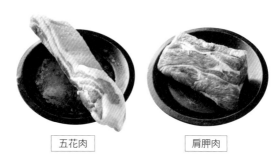

五花肉　　　肩胛肉

材料（方便製作的分量）

豬五花肉塊（或肩胛肉）…500g

鹽…15g（豬肉重量的3%）

※ 擔心攝取過多鹽分的話，可依喜好減至 6 〜 8g（1.2 〜 1.5%）。
　　不過，水煮烹調時鹽分會減少，3%是理想比例。

作法

1 豬肉均勻撒上鹽，用手搓揉。

2 以保鮮膜密封，放進冰箱冷藏保存。

3 調理時，用廚房紙巾擦掉釋出的水分。

簡單的吃法
▼
【煎】
香煎鹹豬肉
豬肉切成方便入口的厚度，
放入以植物油熱鍋的平底鍋裡，轉大火煎香。
依喜好搭配大量蔬菜、撒上黑胡椒享用。

鹹豬肉入菜

鹹豬肉蔥花生蛋黃蓋飯

煎好的鹹豬肉拌裹濃稠蛋黃擺在白飯上。
搭配香氣十足的佐料與蔥花一起享用。

材料（2 人份）

鹹豬肉（五花肉）…250g

蔥白…¼ 根

茗荷…3 個

小蔥…依喜好斟酌

白飯…2 碗

A ┌ 麻油…1 小匙
　├ 醬油…1 小匙
　└ 蛋黃…2 顆

白芝麻…適量

作法

1 鹹豬肉切成 1cm 寬、5cm 長的條狀。蔥白、茗荷切絲，小蔥切成蔥花。

2 平底鍋加熱到稍微冒煙的程度，倒入適量麻油（分量外），鹹豬肉下鍋煎至兩面焦黃。

3 把 **2** 和茗荷、蔥花倒入調理盆內，再加入 **A** 混拌。

4 碗裡盛入白飯，擺上 **3** 與蔥白絲，撒上白芝麻即完成。

鹹豬肉燉白菜

軟綿化口的豬肉與燉白菜，好吃到令人一口接一口。
融合鹹豬肉及蔬菜精華的高湯，美妙滋味沁入全身。

鹹豬肉入菜

材料（2 人份）

鹹豬肉（五花肉）…500g
白菜…¼顆
洋蔥…1 顆
香腸（市售品）…約 4 條
A ⎡ 白葡萄酒…100ml
　　葡萄酒醋…2 小匙
　　杜松子（或丁香）…5 粒
　　月桂葉…1 片
　⎣ 高湯塊…9g（約 2 個）
水…適量
鹽、胡椒…各適量
粗磨黑胡椒、巴西里末…各適量
第戎芥末醬（或顆粒芥末醬）…適量

作法

1 鹹豬肉切成 5cm 的塊狀。白菜芯切絲，白菜葉切小片。洋蔥切成薄片。

2 取一只略深的鍋，倒入 **1** 和 **A** 後加水，水量要剛好蓋過所有材料，開大火加熱。

3 煮滾後撈除浮沫，蓋上鍋蓋轉小火，燉煮約 1.5 個小時，接著加入香腸，煮約 30 分鐘（煮到肉質軟爛即可）。

4 以鹽、胡椒調味，盛盤。撒上粗磨黑胡椒、巴西里末，依喜好佐配第戎芥末醬即完成。

韓式水煮肉

花時間燉煮的鹹豬肉，柔軟多汁。
配上韓式泡菜或韭菜，用生菜葉包起來，沾甜辣味噌享用。

材料（2 人份）

鹹豬肉（五花肉）… 250g
昆布…1 片
水…適量
紅葉萵苣…4 片
拔葉萵苣…4 片
韭菜…½ 把
白菜泡菜…適量
＜甜辣味噌＞
A ┌ 韓式辣醬…15g
  │ 味噌…15g
  │ 蜂蜜…15g
  │ 白芝麻…10g
  └ 麻油…10g

作法

1 將甜辣味噌的材料倒入調理盆內拌勻。

2 鹹豬肉塊與昆布下鍋，倒入剛好蓋過肉塊的水量，開大火加熱。

3 煮滾前取出昆布，煮滾後撈除浮沫，蓋上鍋蓋，以小火煮約 1.5～2 小時，直到肉塊變軟。

4 把煮好的鹹豬肉塊放在不鏽鋼方盤等容器裡，冷卻至常溫，切成 2～3cm 的條狀。

5 盛盤，擺上紅葉萵苣、拔葉萵苣、切成 5cm 長的韭菜段、白菜泡菜與甜辣味噌即完成。

酸桔醋辣蘿蔔泥風味水煮肉

水煮過的鹹豬肉可搭配各種調味料，享受不同的美味。
淋上酸桔醋和辣蘿蔔泥，立刻變成爽口的日式配菜。

材料（2人份）

鹹豬肉（五花肉）…250g
昆布…1片
水…適量
酸桔醋…適量
紅葉蘿蔔泥（市售品）※…適量
小蔥、蔥白…各適量

※譯註：若無法購買到，可用筷子等工
　具在白蘿蔔上戳洞，填入辣椒後磨成
　泥。另外還有將辣椒打成泥用鹽醃
　漬，再混拌蘿蔔泥的作法。因顏色似
　楓紅，故稱作紅葉蘿蔔泥。

作法

1 鹹豬肉塊與昆布下鍋，倒入剛好蓋過兩者的水量，
　開大火加熱。

2 煮滾前取出昆布，煮滾後撈除浮沫，蓋上鍋蓋，以
　小火煮約 1.5～2 小時，直到肉塊變軟。

3 把煮好的豬肉塊放在不鏽鋼方盤等容器裡，冷卻至
　常溫，切成 2～3cm 的條狀。

4 盛盤，淋上大量的酸桔醋，擺上紅葉蘿蔔泥、小蔥
　切成的蔥花、蔥白絲即完成。

鹹豬肉入菜

Bœuf Salé

鹹牛肉

牛肉和豬肉一樣，用鹽醃漬後耐保存，需用時很方便。
牛腿肉適合做成烤牛肉、鮮味濃郁的牛腱肉則適合燉煮。

牛腿肉

牛腱肉

材料（方便製作的分量）

牛腿肉（或牛腱肉）…500g
鹽…6〜8g（牛肉重量的 1.2〜1.5%）

作法（請參閱 p.12）

牛肉均勻撒上鹽之後用手搓揉，以保鮮膜密封，放進冰箱冷藏保存。烹調時，用廚房紙巾擦掉釋出的水分。

簡單的吃法 ▶ 【煎烤】

煎烤牛肉

完成「平底鍋烤牛腿肉」（作法請參閱右頁）後，
依喜好擺上西洋菜。沾鹽或薑泥、山葵一起享用。

義式牛肉片

用平底鍋就能輕鬆做出正統的烤牛肉。
烤好後先品嘗原味，再做成這道牛肉片換換口味。

材料（2 人份）

烤牛肉（作法請參閱右下）⋯10 片
黑胡椒粒⋯適量
檸檬汁⋯⅛顆的量
橄欖油⋯適量
帕瑪森起司（Parmigiano-Reggiano）
　⋯20g
平葉巴西里⋯少許

作法

1 將切成薄片的烤牛肉排盤。

2 撒上粗磨黑胡椒，澆淋檸檬汁、橄欖油，擺上削成
　薄片的帕瑪森起司，再以平葉巴西里做裝飾即完成。

平底鍋烤牛腿肉

鹹牛肉（牛腿肉）自冰箱取出後，置於常溫下約 2 小時
退冰，均勻撒上大量的黑胡椒。平底鍋熱鍋後倒入橄欖
油，每煎 1 分鐘就翻面，以中火煎烤約 10 分鐘。接著
轉小火，同樣邊煎邊翻面，煎烤約 10 ～ 15 分鐘。按
壓牛肉表面，若會回彈便可起鍋，用鋁箔紙包好，置於
常溫下 30 分鐘。
◎用鋁箔紙包好，放進冰箱冷藏可保存 3 天左右。

放一晚更好吃的
鹹牛肉絞肉咖哩

做好後直接吃雖然也好吃,但這道料理的最佳品嘗時機是隔天之後。
鹹牛肉的鮮味完全滲透,形成濃郁深厚的美妙滋味。

材料（2人份）

鹹牛肉（牛腱肉）…250g

切塊番茄（水煮罐頭）…1罐（250g）

A ┌ 洋蔥…1顆
  │ 胡蘿蔔…1根
  └ 西芹…1根

大蒜…2瓣

薑…約5g

水…適量

咖哩粉…10g

砂糖…1小撮

鹽、胡椒…各適量

辣椒粉…依喜好斟酌

植物油…適量

巴西里末…適量

作法

1 鹹牛肉塊下鍋,倒入剛好蓋過肉塊的水量,開大火加熱。煮滾後撈除浮沫,蓋上鍋蓋,以小火煮約1.5～2小時直到肉塊變軟。留下300ml的湯汁備用。

2 將**1**的鹹牛肉塊切碎（左下圖）,**A**的所有蔬菜切末（或用食物調理機打碎）。

3 熱鍋後倒入植物油,大蒜與薑切末後下鍋,用小火炒香。再加入**A**的蔬菜末,轉中火拌炒。

4 待蔬菜末的水分差不多炒乾,加入咖哩粉,均勻拌炒約1分鐘。等到飄散出咖哩的香氣,再加入碎牛肉、切塊番茄、砂糖、**1**的湯汁,以中火煮30分鐘。

5 以鹽、胡椒、辣椒粉（自行斟酌）調味。盛盤,撒上巴西里末,依喜好搭配麵包、庫斯米（couscous）或米飯等一起享用。

◎裝入保存容器,放進冰箱冷藏可保存5天左右。

將鮮味十足的鹹牛肉切碎,取代絞肉。

Poulet Salé

鹹雞肉

雞肉搓抹上鹽之後靜置，就能大幅提升美味。
口感乾柴的雞胸肉，鹽漬後也能變得柔軟多汁。

雞腿肉

雞胸肉

材料（方便製作的分量）

雞腿肉（或雞胸肉）…1 塊
鹽…雞肉重量的 1.2 ～ 1.5%

作法（請參閱 p.12）

雞肉均勻撒上鹽之後用手搓揉（雞胸肉請先去除雞皮），以保鮮膜密封，放進冰箱冷藏保存。烹調時，用廚房紙巾擦掉釋出的水分。

簡單的吃法 ▶ 【 煎 】

香煎鹹雞腿肉

平底鍋熱鍋後倒入橄欖油，雞皮面先下鍋，以小火慢煎。
待兩面呈現金黃色、中間也熟透，切成方便入口的大小，依喜好佐配顆粒芥末醬。

超簡易鹹雞胸肉火腿

將雞肉放進熱水裡即可,作法簡單到令人驚呼。
帶鹹味的雞肉,配飯吃或當作下酒菜皆可。

鹹雞肉入菜

材料〔2人份〕

鹹雞肉〔雞胸肉〕…約300g
水…1公升
高湯塊…9g〔約2個〕
柚子胡椒 ※…適量
西洋菜…少許

※譯註:源自日本九州的特色調味料,
一般的製作材料為日本柚子的皮、青
辣椒與鹽。名稱中的「胡椒」並非胡
椒,而是辣椒。

作法

1 鍋內加入水與高湯塊,開火加熱。
2 煮滾後關火,放入鹹雞肉,冷卻至常溫。
3 取出雞肉,用盤碟等容器盛裝,放進冰箱冷藏。
4 切成偏好的厚度盛盤,依喜好配上柚子胡椒、西洋菜即完成。

◎用保鮮膜包好,放進冰箱冷藏可保存3天左右。

韓式辣醬風味
炸鹹雞腿塊

用鹹雞肉做的炸雞別有一番風味，美味更升級。
搭配甜辣的韓式辣沾醬，搖身成為一道下酒料理。

材料（2 人份）

鹹雞肉（雞腿肉）…1 塊
蒜泥…1 瓣的量、薑泥…約 10g
片栗粉…適量
植物油…適量
＜韓式辣沾醬＞
┌ 魚露…1 小匙
│ 番茄醬…1 小匙
│ 韓式辣醬…1 小匙
│ 蜂蜜…1 小匙
│ 白芝麻…1 小匙
└ 麻油…少許
香菜…適量

作法

1 鹹雞肉切成 4 等分，抹上蒜泥、薑泥用手搓揉，放進冰箱冷藏約 1 小時。

2 將韓式辣沾醬的材料倒入調理盆內混合均勻。

3 雞肉撒上片栗粉，拍掉多餘的粉。平底鍋內倒入半鍋植物油，加熱至 160～170℃，雞肉下鍋炸至兩面金黃（右下圖）。

4 盛盤，擺上撕碎的香菜，佐配韓式辣沾醬即完成。

鹹雞肉入菜

雞肉下鍋後，盡可能不要翻動。
待一面變成金黃色再翻面。

Bacon Cru

生培根

生培根不需要煙燻處理，做起來很輕鬆。
重點是要勤換吸水紙，確實去除豬肉的水分。

材料（方便製作的分量）

豬五花肉塊…500g

鹽…15g（豬肉重量的3％）

※ 若擔心攝取過多鹽分，可依喜好減至
　 6～8g（1.2～1.5％）。

普羅旺斯綜合香草…適量

※ 沒有的話，可從百里香、月桂葉、牛
　 至、迷迭香當中選2種以上混合。

胡椒…適量

作法

1 豬肉均勻撒上鹽，用手搓揉。

2 以保鮮膜密封，放進冰箱冷藏一晚。

3 用廚房紙巾擦掉釋出的水分。

4 均勻撒上普羅旺斯綜合香草與胡椒。

5 包上吸水紙、用橡皮筋綁好，放進冰箱冷藏7～10天（每2天換一次吸水紙）。

簡單的吃法
▼

【煎】

香煎培根

切成方便入口的厚度，
平底鍋熱鍋後倒入橄欖油，
煎至焦黃香脆。
依喜好撒上黑胡椒，
搭配蔬菜享用。

生培根溫泉蛋里昂沙拉

培根與水波蛋是「里昂沙拉」的兩大元素。這裡將水波蛋換成溫泉蛋。
享用時先將蛋黃戳破，再混著蔬菜一起放入口中。

材料（2人份）

生培根…100g
紅葉萵苣、綠捲葉萵苣…各2片
番茄…½顆
小黃瓜…½根
溫泉蛋…1顆
法式淋醬
（請參閱下文作法。或使用市售品）…適量
橄欖油…適量
麵包丁、巴西里末、紅椒粉…各適量

作法

1 紅葉萵苣、綠捲葉萵苣撕成適當的大小，用冰水浸泡約30分鐘，瀝乾水分後放進冰箱冷藏。番茄切成4等分，小黃瓜切成滾刀塊。

2 生培根切成1cm寬、3cm長的條狀。平底鍋熱鍋後倒入橄欖油，培根下鍋炒至出現焦色，用廚房紙巾吸乾油分。

3 把1和2倒入調理盆內，加入法式淋醬拌勻。盛盤，擺上溫泉蛋，撒上麵包丁、巴西里末及紅椒粉即完成。

法式淋醬的材料與作法（方便製作的分量）

洋蔥（1/2顆）與大蒜（1瓣）磨成泥，倒入調理盆內，加入芥末醬（1小匙）、米醋（80ml）、鹽（5g）、黑胡椒（適量）混拌至鹽的顆粒溶化，再分次少量地倒入植物油（200ml）拌勻。

◎裝入保存容器，放進冰箱冷藏可保存5天～1週。

生培根入菜

生培根蕈菇蛋包

帶有培根的淡淡鹹味，口味溫和的蛋包。
請多加些喜歡的菇類做做看吧！

材料（2人份）

生培根…20～30g
偏好的菇類（舞菇、蘑菇等）…100g
洋蔥…50g
鹽、胡椒、植物油…各適量
A ┌ 蛋…2顆
　│ 牛奶…2大匙
　│ 液態鮮奶油…1大匙
　└ 起司粉…40g
※ 也可用切碎的易溶起司。

作法

1 菇類切除根部，分成小朵。生培根與洋蔥切成1cm的丁狀。

2 平底鍋熱鍋後倒入植物油，加入1下鍋拌炒，以鹽、胡椒調味，裝入小陶皿或焗烤盤等耐熱容器。

3 將A攪打成均勻蛋液倒入2裡，輕輕混拌整體。

4 放進已預熱至180℃的烤箱烤20～30分鐘即完成。

Jambon

里肌火腿

我將店內供應的里肌火腿換成在家也能做的食譜。
一旦吃過親手製作的火腿，必定會迷上那股獨特的風味。

材料（方便製作的分量）

豬肩胛肉塊…500g

＜醃漬液＞

水…1公升
鹽…60g～70g
（水重量的6～7%）
洋蔥…½顆
胡蘿蔔…½根
西芹…½根
大蒜…1瓣
黑胡椒粒…10粒
乾辣椒…2條

＜燙煮液＞

水…1公升
高湯塊…9g（約2個）

事前準備

● 製作醃漬液。所有蔬菜切成薄片，連同其他醃漬液的食材一起下鍋加熱，煮滾後倒入調理盆內，隔冰水急速降溫。

作法

1 豬肉塊用金屬串叉（或叉子）等間距戳刺約10個洞。

2 把豬肉放進冷卻的醃漬液中，放進冰箱冷藏3～5天。

3 燙煮液倒入鍋中加熱，煮滾後放入自醃漬液取出的肉塊並關火。

4 蓋上鍋蓋，冷卻至常溫，接著取出肉塊。

5 再次滾沸燙煮液，將**4**的肉塊下鍋後關火。冷卻至常溫（第2次不加蓋），用保鮮膜包好肉塊，放進冰箱冷藏保存。

簡單的吃法

▼

【直接吃】

切成薄片，
依喜好撒上黑胡椒享用。

里肌火腿入菜

里肌火腿佐卡門貝爾起司
單片三明治

火腿與起司非常對味,可謂最佳組合。
做起來簡單快速,很適合搭配葡萄酒。

材料 (2 人份)

里肌火腿 (切成薄片)…4 片
卡門貝爾起司 (Camembert)…40g
芝麻葉…適量
長棍麵包 (斜切成 2cm 厚)…2 片
奶油…適量
橄欖油…適量
黑胡椒粒…適量

作法

1 卡門貝爾起司切成偏好的厚度。

2 長棍麵包片用烤箱烤至兩面焦脆,單面抹上奶油。

3 麵包片依序擺上卡門貝爾起司、里肌火腿片、芝麻葉,淋上橄欖油、撒上粗磨黑胡椒即完成。

厚切里肌火腿排

將里肌火腿切成厚片下鍋煎，便是一道佳餚。
火腿已有調味，不需要調味料就很夠味！

里肌火腿入菜

材料（2人份）

里肌火腿（切成 3cm 厚）…2 片
鳳梨…適量
橄欖油…適量
黑胡椒…適量

作法

1 平底鍋熱鍋後倒入橄欖油，將里肌火腿與切成方便
入口大小的鳳梨下鍋，以中火煎至兩面上色。

2 盛盤，里肌火腿撒上大量的黑胡椒即完成。

鹽

鹽是進行熟成不可或缺的調味料，請選擇自己喜歡的鹽使用。我在店裡都用天然鹽烹調，如日曬鹽、岩鹽、湖鹽等。精製鹽是人工加工製成，鈉含量高，味道不夠溫和。鹽本來就含有鈣、礦物質、鎂，這些會產生鮮味與甜味的元素。我用的是產自內蒙古自治區湖泊的湖鹽。不光是鹹味，還有淡淡的甜味，細沙般的質地用來烹調很方便，已成為店內的必備食材。日曬鹽或湖鹽等顆粒細的鹽，較易入味且滋味溫醇，用來調味或鹽漬都很好用。顆粒粗的岩鹽在料理盛盤之後撒上提味，效果很棒，尤其與牛肉等紅肉相當對味。

油

我在店裡是用鴨油或豬油等進行烹調，各位在家使用植物油或橄欖油就可以了。植物油是去除低溫凝固成分的精製油，所以就算放進冰箱也不會凝固，拿來油漬保存食材很合適。不過，光是植物油風味會略顯不足，若想增添風味，建議混合等量的橄欖油。最好選擇非基因改造材料、製程中未使用石油化學製品的無添加植物油。我多半使用米澤製油廠的菜籽油。這款油比普通的植物油更濃郁，非常好用。橄欖油以義大利產的特級初榨橄欖油（EXV）為主，做沙拉等冷盤料理時也會使用有機橄欖油。

Confit de porc

油封豬肉

「油封」是指用低溫的油小火慢煮的法式料理烹調法。
這種方法能讓肉質變得柔軟多汁，還能提高保存性。

材料（方便製作的分量）

豬肩胛肉塊…500g
鹽…6 ～ 8g（豬肉重量的 1.2 ～ 1.5%）
植物油…適量

作法

1 豬肉均勻撒上鹽，用手搓揉。

2 以保鮮膜仔細密封，放進冰箱冷藏一晚。

3 用廚房紙巾擦掉豬肉釋出的水分。

4 豬肉塊下鍋，倒入植物油，油量要剛好蓋過肉塊，開火加熱。

5 待油溫升高至 80℃後，保持油溫，以小火煮約 3 小時。

6 關火，冷卻至常溫，連油一起裝入保存容器，放進冰箱冷藏保存。

36

簡單的吃法

▼

【烤】

烤油封豬

將肉塊放進預熱至 200℃的烤箱烤約 20 分鐘，
切成方便入口的厚度。
依喜好撒上巴西里末，佐配第戎芥末醬享用。

油封豬肉可樂餅

用切碎的油封豬肉取代絞肉製成的豪華版可樂餅。
因為油炸前已有調味，不必沾任何佐料就很美味。

材料（2人份）

油封豬肉…150g
馬鈴薯…150g（中，1個）
洋蔥…½顆
鹽、胡椒…各適量
麵粉、蛋液、麵包粉…各適量
植物油…適量
醃漬小黃瓜（cornichon）、
　紅葉萵苣…各適量

作法

1 油封豬肉切成粗末，洋蔥切末。馬鈴薯煮軟後，趁熱壓成泥倒入調理盆內。

2 平底鍋倒入植物油加熱，洋蔥末下鍋炒軟，加入油封豬肉末，炒出香氣。

3 把 **2** 連同肉汁倒進 **1** 的調理盆內拌勻（左下圖），以鹽、胡椒調味。

4 將 **3** 捏成兩個橢圓餅狀，撒上麵粉並拍掉多餘的粉，再裹上蛋液和麵包粉。

5 平底鍋倒入植物油，油量約至鍋身的一半，加熱到 160～170℃，**4** 下鍋炸至兩面金黃。

6 盛盤，依喜好搭配醃漬小黃瓜或紅葉萵苣即完成。

油封豬肉入菜

肉汁含有油封豬肉的鮮味，記得一滴不剩地通通加進去。

39

Confit de poulet

油封雞肉

活用製作油封豬肉的方法來製作油封雞肉。
由於必須細火慢煮，建議使用鮮味豐富的帶骨肉。

材料（方便製作的分量）

帶骨雞腿肉（無骨也可）…2 隻
鹽…雞肉重量的 1.2 ～ 1.5%
植物油…適量

作法（請參閱 p.36）

1 雞肉均勻撒上鹽，用手揉搓。以保鮮膜仔細密封，放進冰箱冷藏一晚。

2 雞肉用廚房紙巾擦掉釋出的水分後下鍋，倒入植物油，油量要剛好蓋過雞肉，開火加熱。待油溫升至 80℃後，保持油溫，以小火煮約 2 ～ 3 小時直到肉質變軟。關火，冷卻至常溫，連油一起裝入保存容器，放進冰箱冷藏保存。

簡單的吃法 ▶

【 煎 】

平底鍋煎油封雞

平底鍋熱鍋後倒入橄欖油，
雞皮面先下鍋，以小火慢煎。
待兩面呈金黃色、中間熟透，
搭配偏好的蔬菜一起享用。

油封雞肉焗烤洋蔥湯

綿細化口的柔軟雞肉與充滿鮮味的雞湯堪稱極品。
洋蔥要炒到變成焦糖色才會釋出甜味。

材料（2人份）

油封雞肉（帶骨雞腿肉）…1 隻
洋蔥…2 顆
植物油…適量

A
- 油封雞的油汁…1 小匙
- 胡椒…適量
- 水…300ml
- 高湯塊…3g（約 1 個）

長棍麵包…適量
格呂耶爾起司（Gruyère）…適量
※ 沒有的話，可用披薩起司絲代替。

作法

1 洋蔥切成薄片，熱鍋後倒入植物油，洋蔥片下鍋以中火拌炒。待鍋底出現焦色，加入少量的水（分量外）刮起。重複此步驟，直到洋蔥炒成焦糖色（洋蔥片下鍋之前先平鋪於耐熱盤上，以 600W 微波加熱約 10 分鐘，可縮短拌炒時間）。油封雞肉去骨與皮，用菜刀切成細絲（雞骨留下備用）。

2 把 **1** 和 **A**、雞骨下鍋加熱，煮滾後轉小火，煮約 30 分鐘（煮好後取出雞骨）。

3 長棍麵包切成 3cm 塊狀，用烤箱烤脆。

4 將 **2** 裝入耐熱容器，擺上 **3** 與格呂耶爾起司，放進已預熱至 200℃的烤箱烤 15 ～ 20 分鐘即完成。

Rillettes de Porc et l'ail saveur

大蒜風味豬肉抹醬

這是一道把豬肉用豬油煮成糊狀的法國日常料理。
為避免豬肉鮮味流失，燉煮前先用油煎至表面焦脆。

材料（方便製作的分量）

豬五花肉塊…500g

洋蔥…¼顆

大蒜…20g

植物油…適量

A ─ 白葡萄酒…100ml
　　豬油…200g
　　鹽…5～6g
　　黑胡椒…適量
　　─ 普羅旺斯綜合香草…適量

※ 沒有的話，可從百里香、月桂葉、牛
　至、迷迭香當中選2種以上混合。

事前準備

● 豬肉切成5cm塊狀，放入以植物
油熱鍋的平底鍋裡，煎至表面均勻
上色。

● 洋蔥、大蒜切成薄片。

作法

1 將處理好的豬肉、洋蔥、大
蒜和 **A** 一起下鍋。

2 蓋上鍋蓋，以小火燉煮約2
小時直到肉質變軟。

3 冷卻至常溫，全部倒入食物
調理機內攪打。

4 略為攪打後，裝入保存容
器，完全變涼再放進冰箱冷
藏保存。

簡單的吃法

▼

【直接吃】

抹在長棍麵包片上享用。

肉醬麵包片 & 香草沙拉

抹上豬肉抹醬的長棍麵包片搭配蔬菜做成的沙拉。
濃郁的大蒜味成為絕妙的點綴。

材料（2 人份）

大蒜風味豬肉抹醬…50g
長棍麵包（切成 2cm 厚）…4 片
西洋菜…1 把
菊苣（或紅葉萵苣、綠捲葉萵苣）…4 片
芝麻葉…1 把
小番茄（紅、黃）…各適量
法式淋醬（作法請參閱 p.29。或使用市售
　品）…適量
巴西里末、紅椒粉…各適量

作法

1　西洋菜與菊苣去梗，撕成方便入口的大小，
和芝麻葉一起用冰水浸泡約 30 分鐘，充分瀝
乾水分後放進冰箱冷藏。小番茄對半切開。

2　長棍麵包片用烤箱烤至焦脆，抹上豬肉抹醬。

3　將 **1** 的蔬菜倒入調理盆，加入法式淋醬拌
勻。盛盤，擺上 **2** 的麵包片。依喜好撒上巴
西里末、紅椒粉即完成。

肉醬柴魚片飯糰

豬肉抹醬混拌柴魚片及醬油，變成下飯的配料。
加入奶油起司更添醇郁。

材料（2人份）
大蒜風味豬肉抹醬…50g
奶油起司…20g
柴魚片、白芝麻…各適量
醬油…適量
白飯…適量

作法

1 豬肉抹醬置於常溫下回軟。奶油起司切小塊。

2 豬肉抹醬、柴魚片、醬油倒入調理盆，搓成丸子狀。

3 把 **2** 和奶油起司包進飯裡，捏成飯糰。盛盤，撒上柴魚片與白芝麻即完成。

大蒜風味豬肉抹醬入菜

Pate de champagne

鄉村肉醬

豬絞肉混合雞肝醬烤製而成的法國代表性料理。
味道濃厚很下酒。冷藏靜置使味道變得醇郁美味。

材料

（9cm×19cm×5cm 的
長方形烤皿 1 個）

┌ 雞肝…100g
└ 牛奶…適量

豬五花絞肉…400g

※購買時可請店家幫忙絞碎。或直
　接使用豬絞肉也行。

大蒜…1 瓣

洋蔥…½顆

植物油…適量

┌ 液態鮮奶油…2 大匙

　蛋液…1 顆的量

A　鹽…6g

　胡椒…適量

└ 法式綜合香料粉…½小匙

　※沒有的話，可從肉豆蔻、丁
　　香、薑、肉桂當中選 2 種以上
　　混合。

月桂葉…3 片

事前準備

● 雞肝去筋，用牛奶浸泡放
進冰箱冷藏一晚，去除腥味。
● 大蒜和洋蔥切末。平底鍋
熱鍋後倒入植物油，蒜末與
洋蔥末下鍋炒軟，降溫後放
進冰箱冷藏。

作法

1 雞肝沖洗乾淨，用廚房紙巾
擦乾水分，放進食物調理機
攪打成泥。

2 將豬絞肉和 **1**、炒過的蒜末
與洋蔥末、**A** 倒入調理盆，
均勻攪拌至黏稠狀。

3 烤皿內抹上植物油、填入
2，底部敲打桌面排出空氣，
擺上月桂葉、蓋上鋁箔紙。

4 放入烤盤或不鏽鋼方盤，倒
入熱水，水量約至烤皿高度
的 ⅓，放入已預熱至 140 ～
150℃的烤箱隔水加熱 1 小
時左右。烤好後，連同烤皿
冷卻至常溫，放進冰箱冷藏。

鄉村肉醬漢堡

將肉醬切厚一點，做成分量十足的漢堡。
除了英式瑪芬，也可夾進吐司做成三明治。

材料（2人份）

鄉村肉醬（切成2cm厚）…2塊
英式瑪芬…2個
洋蔥…½顆
番茄…½顆
醃漬小黃瓜（cornichon）…2條
紅葉萵苣…2片
奶油…適量
第戎芥末醬（或芥末醬）…依喜好
　斟酌
黑胡椒…適量
植物油…適量

作法

1 洋蔥切成2cm厚的圓片，平底鍋倒入植物油加熱，洋蔥片下鍋煎至兩面焦黃。番茄切成1cm厚的圓片，醃漬小黃瓜對半縱切。

2 英式瑪芬對半切開，放進烤箱烤酥，兩面塗上奶油。

3 在一片瑪芬上依序擺放紅葉萵苣、番茄、煎過的洋蔥、醃漬小黃瓜，另一片瑪芬擺上肉醬，塗上芥末醬、撒上黑胡椒，剩下兩片也照相同方式擺放（下圖）。

4 盛盤，享用時將兩片瑪芬夾起來。

蔬菜擦掉多餘水分再擺放，以免瑪芬口感變得濕軟。

La terrine du style de la saucisse

肉派香腸

不須灌入腸衣，用容器直接保存的方便作法。
烤好後冷藏靜置，讓味道均勻融合。

材料
（9cm×19cm×5cm 的
長方形烤皿 1 個）

豬絞肉…500g
洋蔥…½顆
蒜泥…1 瓣的量
牛奶…2 大匙
麵包粉…1 大匙
蛋液…½顆的量
普羅旺斯綜合香草…1 小匙
※ 沒有的話，可從百里香、月桂葉、
　牛至、迷迭香當中選 2 種以上混合。
鹽…5g
胡椒…適量
植物油…適量

事前準備

● 洋蔥切成薄片。平底鍋熱鍋，
倒入植物油，洋蔥片下鍋炒軟，
變涼後放進冰箱冷藏備用。

作法

1 植物油之外的材料全部倒入
調理盆。

2 均勻攪拌至黏稠狀。

3 烤皿內抹上植物油、填入
2，底部敲打桌面排出空氣，
蓋上蓋子或鋁箔紙。

4 放入烤盤或不鏽鋼方盤，倒
入熱水，水量約至烤皿高度
的⅓，放入已預熱至 140 ～
150℃的烤箱隔水加熱 1 小
時左右。烤好後，連同烤皿
冷卻至常溫，放進冰箱冷藏。

簡單的吃法
▼
【煎】
香煎肉派香腸
切成偏好的厚度，
平底鍋熱鍋後倒入橄欖油，
將兩面煎至焦黃。
依喜好撒上粗磨黑胡椒，
搭配第戎芥末醬、香草享用。

做油封菜或油漬等油類料理時，香草與香料是不可或缺的食材。除了用來提味，還能消除食材的腥味或增添香味。百里香、迷迭香、月桂葉、黑胡椒、乾辣椒等都很實用。其中具防腐作用的乾辣椒，通常是以保存食物為目的使用。香料方面，最好是用完整的原料而非粉末。如此一來，不會讓料理的味道過於強烈，而是能夠緩緩地增添風味。食譜中出現的杜松子（juniper berry）是用於調製琴酒的漿果，略帶苦味與獨特的香氣，搭配肉類等料理很對味。 此外，普羅旺斯綜合香草（Herbes de Provence）或法式綜合香料粉（Quatre-épices）等綜合香草、香料，能讓料理的味道變得濃郁正統，相當好用。香草與香料的使用並不困難，請各位多多嘗試，找出自己喜歡的風味。

PART
2

Poisson

海鮮

本章介紹使用油漬或油封等方式

製作的海鮮菜色。

自製的醃鯷魚或油漬鮪魚、

沙丁魚滋味絕妙，

有別於市售罐頭。

而且作法很簡單，

請各位務必試試。

Anchois fait à la maison

自製醃鯷魚

沙丁魚鹽漬處理過後即是醃鯷魚。
醃好後可放半年左右，不妨多做一些備用。

材料

沙丁魚…依喜好斟酌
鹽…適量
橄欖油…適量

作法

1 沙丁魚切成 3 片，去除魚頭、內臟及魚骨。

2 排入保存容器，撒上大量的鹽，覆蓋表面，再疊上魚片。

3 重複 **2** 的步驟，如圖所示，最上層的魚片也要佈滿鹽。

4 待鹽溶化、沙丁魚釋出水分後，蓋上蓋子放進冰箱冷藏（建議放 1 個月）。

5 沖洗掉魚片上多餘的鹽，用廚房紙巾擦乾水分。

6 裝入煮沸消毒過的玻璃瓶，倒入橄欖油，油量要剛好蓋過魚片。置於常溫下 1～2週，再放進冰箱的蔬果室冷藏保存。

簡單的吃法
▼
【煎】
水煮蛋佐蛋黃醬

平底鍋熱鍋後倒入橄欖油，
將鰻魚兩面煎至焦黃，切成適當的大小。
水煮蛋擠上蛋黃醬、擺上鰻魚，
依喜好撒上巴西里末、紅椒粉，
最後淋上橄欖油享用。

萬用鰻魚醬

做成醬料就可以活用於義大利麵等
各式各樣的料理。

材料（方便製作的分量）

自製醃鰻魚…50g
大蒜…10 瓣
洋蔥…½顆
橄欖油…適量
水、牛奶…各適量

作法

1 自製醃鰻魚切末。大蒜對半切開、去芯，
洋蔥切成薄片。

2 大蒜下鍋，倒入等量的水與牛奶，量要剛
好蓋過大蒜，以中小火煮約 10 分鐘，以
去除苦澀味。

3 另取一鍋，加入 **2** 的大蒜、洋蔥片、鰻魚
末，倒入橄欖油，油量要剛好蓋過所有材
料，以小火煮約 15 分鐘。降溫後用食物
調理機攪打成泥即完成。

◎裝入保存容器，放進冰箱冷藏可保存 3 天左
右。

利用萬用鰻魚醬製作

橄欖醬

添加橄欖的進化版。
可搭配香煎魚、肉或蔬菜等。

材料（方便製作的分量）

萬用鰻魚醬（請參閱左記作法）…5g
黑橄欖（去籽）…100g
酸豆…10 粒
橄欖油…2 大匙

作法

1 將瀝乾水分的黑橄欖、酸豆、萬用鰻魚
醬、橄欖油倒入食物調理機打勻即完成。

◎裝入保存容器，放進冰箱冷藏可保存 3 天左
右。

利用萬用鰻魚醬製作

燜烤蔬菜

以當季時蔬搭配鰻魚醬品嘗最單純的美味。
蔬菜先煎出焦色再燜烤，帶出香氣與甜味。

材料

自製醃鰻魚（p.56）…**依喜好**
斟酌
季節時蔬（蓮藕、胡蘿蔔、茄子、
蘑菇、秋葵等5種左右）…依喜
好斟酌
鹽、胡椒…各適量
橄欖油…適量
紅椒粉…適量

作法

1 根莖類蔬菜或薯類先水煮備用。

2 熱鍋後倒入橄欖油，蔬菜下鍋（易熟的蔬菜晚點放）。
蓋上鍋蓋，以中火燜烤至均勻上色。

3 烤好的蔬菜用廚房紙巾吸除多餘油分，撒上少許
鹽、胡椒。

4 盤內舀入萬用鰻魚醬，擺上 **3** 的蔬菜，依喜好撒上
紅椒粉（也可將醬料淋在蔬菜上）即完成。

Thon fait à la maison

自製油漬鮪魚

鮪魚用油略煮後關火，以餘溫加熱。
帶有檸檬香氣的清爽滋味，直接吃就很美味。

材料（方便製作的分量）

鮪魚瘦肉（赤身）…1 塊（約 200g）
鹽…鮪魚肉重量的 1.2 ～ 1.5%
月桂葉…1 片
黑胡椒粒…10 粒
檸檬…½顆
植物油…適量

事前準備

● 檸檬切成 1cm 厚的圓片。

作法

1 鮪魚置於不鏽鋼方盤內，均勻撒上鹽、包上保鮮膜，放進冰箱冷藏 2 小時。

2 用廚房紙巾擦掉鮪魚釋出的水分。

3 所有材料下鍋，倒入植物油，油量要剛好蓋過所有材料。

4 以中火加熱，待鮪魚塊外緣稍微變白後關火（利用餘溫繼續加熱）。連油一起裝入保存容器，降溫後放進冰箱冷藏保存。

簡單的吃法

▼

【直接吃】

把魚肉撕成小塊盛盤，依喜好撒上黑胡椒，
佐以檸檬片或平葉巴西里做裝飾。

自
製
油
漬
鮪
魚
入
菜

油漬鮪魚尼斯沙拉

使用了馬鈴薯、橄欖、水煮蛋等食材的基本款沙拉。
自製油漬鮪魚剝成稍大的塊狀，看起來很有分量感。

材料（2 人份）

自製油漬鮪魚…50g

紅葉萵苣…4 片

綠捲葉萵苣…4 片

水煮馬鈴薯…1 個

水煮蛋…1 顆

半乾小番茄（p.94）…7 ～ 8 個

※ 或使用½顆大番茄，切成半月形塊狀。

水煮四季豆…6 根

橄欖（去籽）…4 個

鹽、黑胡椒…各適量

法式淋醬（作法請參閱 p.29。或使用市
售品）…適量

巴西里末、紅椒粉…各適量

作法

1 紅葉萵苣、綠捲葉萵苣撕成方便入口的大小，泡
冰水約 30 分鐘，瀝乾水分後放進冰箱冷藏。

2 水煮馬鈴薯切成方便入口的大小。水煮蛋對半切
開，橄欖切成 5mm 厚。鮪魚用手剝成小塊。

3 馬鈴薯與半乾小番茄倒入調理盆，撒上少許鹽，
再放入 **1**、倒入法式淋醬拌勻。

4 盛盤，擺上鮪魚、水煮蛋、四季豆、橄欖。撒上
黑胡椒，依喜好撒上巴西里末、紅椒粉即完成。

鮪魚薯泥煎餅

馬鈴薯泥混拌鮪魚及洋蔥，煎烤至香酥。
中間綿密鬆軟，宛如可樂餅的單純好味道。

材料（2人份）

自製油漬鮪魚…80g
馬鈴薯…150g（中，1個）
洋蔥末…25g
蛋黃醬…20g
咖哩粉…適量
鹽、胡椒…各適量
麵粉…適量
橄欖油…適量
萵苣等偏好的蔬菜…適量

作法

1 馬鈴薯煮軟後，趁熱去皮壓成泥。

2 把 **1**、洋蔥、鮪魚、蛋黃醬、咖哩粉倒入調理盆，以鹽、胡椒調味。

3 稍微放涼後，捏成兩個橢圓餅狀，撒上麵粉，放入以橄欖油熱鍋的平底鍋，煎至兩面呈現金黃色。盛盤，搭配蔬菜享用。

自製油漬鮪魚入菜

Confit de saury

油封秋刀魚

用低溫油煮過的魚肉多汁柔嫩，魚頭和魚骨也變得酥軟。
請趁著秋刀魚產季試做看看。

材料（方便製作的分量）

秋刀魚…4 條

鹽水（鹽分濃度 8 ～ 10%）
…1.5 公升
※（水 1380g ＋鹽 120g）～
（水 1350g ＋鹽 150g）

A ┌ 乾辣椒…1 根
　│ 月桂葉…1 ～ 2 片
　└ 黑胡椒粒…5 粒

植物油…適量

作法

1 為避免內臟外露，從秋刀魚的肛門後側斜向入刀，將魚身切成兩半。

2 浸泡鹽水，放進冰箱冷藏 2 小時。

3 取出秋刀魚，用廚房紙巾擦掉多餘水分。

4 把 **3** 和 **A** 放進鍋中，倒入植物油，油量要剛好蓋過所有材料，加熱至 80℃。

5 保持 80℃的油溫，以小火煮 2 ～ 3 小時。關火靜置，降至常溫後，連油一起裝入保存容器，放進冰箱冷藏保存。

簡單的吃法
▼
【煎】
香煎油封秋刀魚
平底鍋熱鍋後倒入橄欖油，
將秋刀魚的兩面煎至上色。

油
封
秋
刀
魚
入
菜

酥炸油封秋刀魚佐番茄醬汁

把油封秋刀魚炸至酥脆焦香。
搭配新鮮的番茄醬汁，吃起來清爽可口。

材料（2 人份）

油封秋刀魚⋯1 條的量
麵粉⋯適量
橄欖油⋯適量
＜番茄醬汁＞
├ 番茄⋯1 顆
│ 洋蔥末⋯10g
│ 櫛瓜丁⋯30g
│ 巴西里末⋯1 小匙
│ 檸檬汁⋯⅛個的量
│ 芫荽籽⋯10 粒
│ 橄欖油⋯適量
└ 鹽、胡椒⋯各適量
迷迭香⋯適量

作法

1 製作番茄醬汁：番茄氽燙去皮，對半切開，去籽切成小塊，倒入調理盆內。接著加入洋蔥末、櫛瓜丁、巴西里末、檸檬汁、芫荽籽、橄欖油拌勻，以鹽、胡椒調味。

2 沙丁魚撒上麵粉，再拍掉多餘的麵粉。平底鍋倒入橄欖油，油量約至鍋身的一半，加熱至 160 ～ 170℃，將沙丁魚下鍋煎炸至兩面焦黃。

3 將 **1** 的番茄醬汁舀入盤內，擺入秋刀魚，再放上迷迭香做裝飾（也可以把醬汁淋在秋刀魚上）即完成。

油封秋刀魚蓋飯

油封秋刀魚烤好後,把魚肉弄碎擺在飯上。
以醃梅、茗荷、青紫蘇葉等佐料點綴,做出味道上的層次。

油封秋刀魚入菜

材料(2人份)

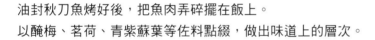

油封秋刀魚…1條的量
醃梅…2顆
茗荷…2個
薑…1片
青紫蘇葉…5片
白飯…2碗
醬油…4小匙
麻油…適量
植物油…適量
白芝麻…適量

作法

1 平底鍋熱鍋後倒入植物油,秋刀魚下鍋煎至兩面上色。去除魚骨,用手略為剝散。

2 醃梅去籽,剁碎梅肉。茗荷、薑、青紫蘇葉切絲。

3 把 1 和醃梅、茗荷絲、薑絲倒入調理盆,淋上醬油與麻油後拌勻。

4 白飯盛入碗中,擺上 3 與青紫蘇葉絲,撒上白芝麻即完成。

De saveur romarin sardine huilée

迷迭香風味
油漬沙丁魚

油漬沙丁魚是沙丁魚用油醃漬製成的保存食品。
以餘溫慢慢加熱，讓迷迭香的風味均勻滲透。

材料（方便製作的分量）

沙丁魚…6尾

鹽水（鹽分濃度8～10%）
　…1公升
※（水920g＋鹽80g）～
　（水900g＋鹽100g）

A ┌ 檸檬…½顆
　│ 迷迭香（最好使用新鮮
　│ 　迷迭香）…2枝
　│ 乾辣椒…1根
　└ 黑胡椒粒…5粒
植物油…適量

事前準備

● 檸檬切成1cm厚的圓片。

作法

1 沙丁魚切成3片，去除魚頭、內臟及魚骨。

2 魚片浸泡鹽水，放進冰箱冷藏2小時。

3 用廚房紙巾擦掉多餘水分，和**A**一起下鍋，倒入植物油，油量要剛好蓋過所有材料。

4 開火加熱，待油滾沸後關火（利用餘溫讓魚肉熟透）。冷卻至常溫，連油一起裝入保存容器，放進冰箱冷藏保存。

簡單的吃法
▼

【煎】

香煎油漬沙丁魚

平底鍋熱鍋後倒入橄欖油，
將沙丁魚的兩面煎至上色。
依喜好佐配水煮馬鈴薯，
撒上平葉巴西里、粉紅胡椒享用。

油
漬
沙
丁
魚
入
菜

油漬沙丁魚番茄義大利麵

油漬沙丁魚的風味與醬汁融合，均勻沾附在義大利麵上。
若使用半乾小番茄（p.94）會更加美味。

材料（2人份）

油漬沙丁魚…4片
半乾小番茄（請參閱 p.94。或使用
　小番茄）…15個
義大利麵…100g
大蒜…½瓣
洋蔥…½顆
巴西里末…適量
乾辣椒…1根
酸豆…15粒
鹽…適量
橄欖油…適量
芽蔥…適量

作法

1 為了保留口感，油漬沙丁魚大致切碎即可。大蒜、洋蔥切成薄片。熱水中加入1%的鹽，放入義大利麵，依照包裝袋標示的時間烹煮。

2 平底鍋熱鍋後倒入橄欖油，大蒜和乾辣椒下鍋炒香，加入油漬沙丁魚、半乾小番茄、洋蔥、酸豆稍微加熱。

3 加進煮好的義大利麵與少許煮麵水、少許橄欖油，拌抄入味。等到醬汁呈稀稠的乳化狀態，撒上巴西里末快速混拌。盛盤，依喜好擺上芽蔥做裝飾。

油漬沙丁魚抹醬

用食物調理機將所有材料打勻即完成的簡單抹醬。
檸檬皮與柚子胡椒調和出清爽的風味。

材料（2 人份）

油漬沙丁魚…200g

奶油…30g

檸檬皮…1 顆的量

大蒜…1 瓣

橄欖油…1 大匙

柚子胡椒…½ 小匙

鹽、黑胡椒…各適量

長棍麵包片…適量

作法

1 奶油置於常溫下軟化（或微波加熱數秒）。檸檬皮磨碎、大蒜磨成泥備用。

2 油漬沙丁魚和 1、橄欖油、柚子胡椒、黑胡椒倒入食物調理機，攪打至柔滑狀。

3 試嘗味道，若覺得不夠鹹，可加點鹽調味。裝入保存容器或密封罐，放進冰箱冷藏凝固成形。切成偏好的厚度，塗抹在長棍麵包片上享用。

◎放進冰箱冷藏可保存 5 天左右。

Huile de poisson blanc mariné

油漬白肉魚

白肉魚和香草一起放入油裡醃漬即完成。
油漬過的魚少了腥味，多了鮮味與風味。

材料（方便製作的分量）

當季的白肉魚（鯛魚、鱸魚、
　旗魚等。燉煮、煎烤用的魚肉
　塊）…4 塊
鹽…適量（略多）
胡椒…適量
迷迭香…適量
鼠尾草（或月桂葉）…適量
橄欖油…適量
植物油…適量

作法

1 白肉魚排入不鏽鋼方盤等容器，兩面撒上略多的鹽與適量的胡椒，靜置約 1 小時後，用廚房紙巾擦掉多餘的水分。

2 白肉魚、迷迭香、鼠尾草裝入密封袋或保存容器，倒入等量的橄欖油和沙拉油，油量要剛好蓋過所有材料，放進冰箱冷藏保存。

簡單的吃法

▼

【煎】
香煎油漬白肉魚

用廚房紙巾擦掉白肉魚的油分，
平底鍋中倒入橄欖油加熱，
魚皮面先下鍋，以中火煎至兩面焦黃。
依喜好佐以檸檬、黑胡椒，
以及平葉巴西里做裝飾。
或是搭配烤過的馬鈴薯享用。

西班牙油醋魚

油醋魚（escabeche）是一種類似日本南蠻漬※的醃漬料理。
煎過的白肉魚淋上帶酸味的蔬菜醬汁，再藉由冷藏使其入味。

材料（2人份）

油漬白肉魚…2塊
麵粉…適量
大蒜…1瓣
洋蔥…30g
番茄（只使用果肉）…50g

A
┌ 胡蘿蔔…50g
│ 西芹…30g
│ 甜椒…100g
└ 櫛瓜…30g

B
┌ 白葡萄酒…75ml
│ 葡萄酒醋…50ml
│ 砂糖…1小撮
└ 鹽、胡椒…各適量

橄欖油…適量
蒔蘿、平葉巴西里…各適量

作法

1 大蒜用刀背壓碎，洋蔥切成薄片，A的所有材料切絲。

2 熱鍋後倒入橄欖油，大蒜下鍋炒香，加入洋蔥片炒至軟透，再加入A快速拌炒，接著加入B。煮到滾沸讓酒精蒸發，加入番茄翻拌均勻。試嘗味道，若覺得不夠味，可加點鹽、胡椒、葡萄酒醋（均為分量外）調味。

3 用廚房紙巾擦掉白肉魚的油分，撒上麵粉。平底鍋中加入橄欖油熱鍋，魚皮面先下鍋，以中火煎至兩面焦黃。

4 將2的醬汁稍微再加熱一下。魚肉盛盤、淋上醬汁，冷卻至常溫，使其入味。蓋上保鮮膜，放進冰箱冷藏約2小時（建議最好放一晚）。依喜好擺上蒔蘿、平葉巴西里做裝飾。

※譯註：把炸過的魚肉用醋以及辣椒、蔥等香味蔬菜調製而成的醬汁醃漬。

油漬白肉魚入菜

義大利狂水煮魚

狂水煮魚（acqua pazza）是用白葡萄酒和水燉煮製成的義大利料理，
當中有白肉魚和番茄、貝類等食材。先煎魚皮再燜蒸，呈現帶焦香的鬆軟口感。

材料（2人份）

油漬白肉魚…2塊
海瓜子…5～10個
洋蔥…½顆
大蒜…1瓣
小番茄…6個
乾辣椒…1根
白葡萄酒、水…各70ml
鹽、胡椒…各適量
橄欖油…適量
巴西里末…適量

作法

1 海瓜子泡水吐沙備用。洋蔥切成2cm寬，大蒜切成薄片。

2 取一只略深的平底鍋，倒入橄欖油，蒜片與乾辣椒下鍋以小火炒香。取出乾辣椒，白肉魚的魚皮面先下鍋。

3 轉中火，將單面魚皮煎至焦黃後翻面，加入白葡萄酒、水、洋蔥、小番茄、海瓜子，蓋上鍋蓋以小火燜蒸5分鐘左右。

4 待海瓜子的殼開了，拿掉鍋蓋繼續煮到湯汁收乾至一半。以鹽、胡椒調味，盛盤，撒上巴西里末即完成。

Confit de crevette

油封蝦

加熱時間短，做起來比油封肉或油封秋刀魚更簡單。
油封過後帶有大蒜風味，吃的時候不需要另外調味。

材料（方便製作的分量）

蝦…10 隻
蒜泥…1 瓣的量
鹽、胡椒…各適量
乾辣椒…2 根
迷迭香…1 枝
植物油…約 300ml

作法

1 蝦子去殼、挑除腸泥，稍微沖洗後，用廚房紙巾擦乾水分。放進大碗裡，用鹽搓揉，去除黏液與腥味。

2 把 **1** 平鋪在不鏽鋼方盤等容器內，多撒些鹽、胡椒，用湯匙將蒜泥抹在蝦腹，靜置約 30 分鐘。

3 用廚房紙巾輕微擦乾水分，連同乾辣椒、迷迭香一起下鍋，倒入植物油，油量要剛好蓋過所有材料。

4 鍋子以中火加熱，煮到滾沸後關火。冷卻至常溫，連油一起裝入保存容器，放進冰箱冷藏保存。

簡單的吃法
▼
【加熱】
蒜味蝦
連油一起下鍋加熱，
盛盤後依喜好撒上黑胡椒享用。

Confit de seiche

油封花枝

塗抹上鹽麴的花枝，肉質變得柔軟。透過餘溫慢慢加熱，
花枝肉不會變硬，任何時候吃都好吃。

材料（方便製作的分量）

花枝…2 尾
鹽麴…200g
乾辣椒…1 根
植物油…約 500ml

作法

1 清除內臟，將花枝腳與身體切分開來。花枝腳切成適當的大小，身體縱切剖開。

2 塗上大量的鹽麴，放進冰箱冷藏一晚。

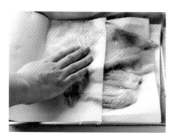

3 用廚房紙巾擦掉花枝上的鹽麴後，和乾辣椒一起下鍋，倒入植物油，油量要剛好蓋過所有材料。

4 以中火加熱，煮到輕微滾沸、冒出小氣泡時關火。

5 蓋上鍋蓋，冷卻至常溫，連油一起裝入保存容器，放進冰箱冷藏保存。

簡單的吃法

▼

【拌蔬菜】

油封花枝沙拉

從油中取出花枝，切成方便入口的大小。

連同芝麻葉等生菜用法式淋醬拌勻（作法請參閱 p.29。或使用市售品），

依喜好擺上蒔蘿做裝飾。

我的店裡基本上都是用有機農產品，特別是以自然農法栽種的蔬菜。簡言之就是無農藥、無肥料的食材。無農藥如字面所示就是不使用農藥；無肥料聽起來可能有些陌生，是指不施肥料、讓土地與蔬菜發揮最大效力的栽種方式。大量施肥的蔬菜生長快速，不需要太多時間就能長大，但相對地蔬菜細胞較大、易萎縮。另一方面，自然農法的蔬菜因為沒有施肥，細胞分裂慢，外觀多半較小，卻是風味濃郁的美味蔬菜。不同於工業製品那般追求生產力，而是憑藉土地及強韌生命力成長的蔬菜，可說是緩慢發育的「熟成蔬菜」。

PART
3

Légumes

蔬菜

高麗菜經過鹽漬、

發酵製成的德式酸菜；

冷藏靜置入味的普羅旺斯燉菜

與西班牙番茄冷湯；

一般烤箱就能輕鬆做好的半乾小番茄等……

本章介紹各種蔬菜的熟成料理。

因為耐保存，

做起來當作常備菜很方便。

Choucroute fait à la maison

自製德式酸菜

高麗菜用香料、香草加鹽水醃漬發酵。
靜置數日，直到達到偏好的酸味為止。

材料（方便製作的分量）

高麗菜…500g（約½顆）

┌ 水…200ml
└ 鹽…10g

┌ 杜松子（或丁香）…5 粒
A │ 月桂葉…1 片
└ 乾辣椒…1 根

作法

1 高麗菜切絲。

2 將一半的高麗菜絲裝入煮沸消毒過的密封罐，再加進 **A** 與剩下的高麗菜絲。

3 鹽和水倒入調理盆，攪拌至鹽完全溶解後，加入 **2** 內。

4 鋪上保鮮膜，壓上重石（如圖使用小陶皿等也可以），蓋緊蓋子，置於常溫下。

5 放置一天後，高麗菜會出水（視情況增加重石）。待釋出的水浸過高麗菜絲，取出重石，置於常溫下 5 天～ 1 週。

6 罐內冒出氣泡表示正在發酵，試一下味道，若出現酸味即完成（若覺得不夠酸，可再放幾天繼續發酵）。達到偏好的酸味後，放進冰箱冷藏保存。

簡單的吃法
▼
【直接吃】

擠乾水分，搭配香腸或肉一起享用。

德式酸菜香腸湯

用香腸、培根和蔬菜做成料多豐富的湯品。
德式酸菜的酸味形成絕佳的點綴。

材料（2 人份）

自製德式酸菜⋯200g
德式香腸（市售品）⋯3 條
生培根（作法請參閱 p.26。或使用
　市售品）⋯100g
馬鈴薯⋯2 個
洋蔥⋯½顆
A ┌ 水⋯500ml
　│ 高湯塊⋯3g（約 1 個）
　└ 月桂葉⋯1 片
鹽、胡椒⋯各適量
植物油⋯適量
巴西里末⋯適量

作法

1 德式酸菜擠乾水分。德式香腸切成 3cm 長的小段，
培根切成 1cm 寬、3cm 長的條狀。馬鈴薯去皮，切
成 2cm 塊狀，用水稍微沖洗。洋蔥切成薄片。

2 熱鍋後倒入植物油，放入培根炒香後，加入德式酸
菜、馬鈴薯、洋蔥、香腸快速拌炒。

3 將 **A** 加進 **2**，以中小火燉煮約 30 分鐘，用鹽、胡
椒調味。盛盤，撒上巴西里末即完成。

炒德式酸菜起司沙拉

炒過的德式酸菜口感爽脆,讓人一口接一口。
拌入起司後,酸味變得柔和溫醇。

自製德式酸菜入菜

材料(2人份)

自製德式酸菜… 150g

格呂耶爾起司(Gruyère)… 30g

法式淋醬(作法請參閱 p.29。或使用
　市售品)…適量

培根粒(市售品)… 5g

巴西里末… 5g

鹽、胡椒…各適量

橄欖油…適量

作法

1 德式酸菜用水稍微沖洗,擠乾水分。格呂耶爾起司
磨碎備用。

2 平底鍋熱鍋後倒入橄欖油,酸菜下鍋略炒,盛入調
理盆放涼。

3 磨碎的起司、法式淋醬、培根粒、巴西里末加進 **2**
的調理盆拌勻,以鹽、胡椒調味,盛盤享用。

83

Pâte de champignons

蕈菇抹醬

菇類蒸煮後會釋出鮮味,用食物調理機打成泥。
冷藏靜置入味,當成下酒菜直接吃就很美味。

材料（方便製作的分量）

依喜好選擇 3 種菇類（香菇、舞菇、鴻喜菇等）…各 1 包（各約 150g）

洋蔥…½顆

大蒜…1 瓣

橄欖油…30g

白葡萄酒…2 大匙

A
┌ 馬斯卡彭起司（Mascarpone）…10g
│ 萬用鯷魚醬（作法請參閱 p.56。或使用市售品）…40g
│ 檸檬汁…¼顆的量
└ 鹽、胡椒…各適量

作法

1 切除菇類的根部,香菇切成薄片,鴻喜菇和舞菇切碎。洋蔥與大蒜切成薄片。

2 熱鍋後倒入橄欖油,蒜片與洋蔥片下鍋略炒,炒軟後加入菇類。

3 轉大火,炒到菇類變軟後倒入白葡萄酒。

4 蓋上鍋蓋,以小火燜煮 2 分鐘左右,關火靜置,冷卻至常溫。

5 將 **4** 和 **A** 用食物調理機打勻,裝入保存容器,放進冰箱冷藏保存。

簡單的吃法
▼
【直接吃】
依喜好撒上黑胡椒，
抹在長棍麵包片或蘇打餅乾上享用。

Légumes marinés à l'huile

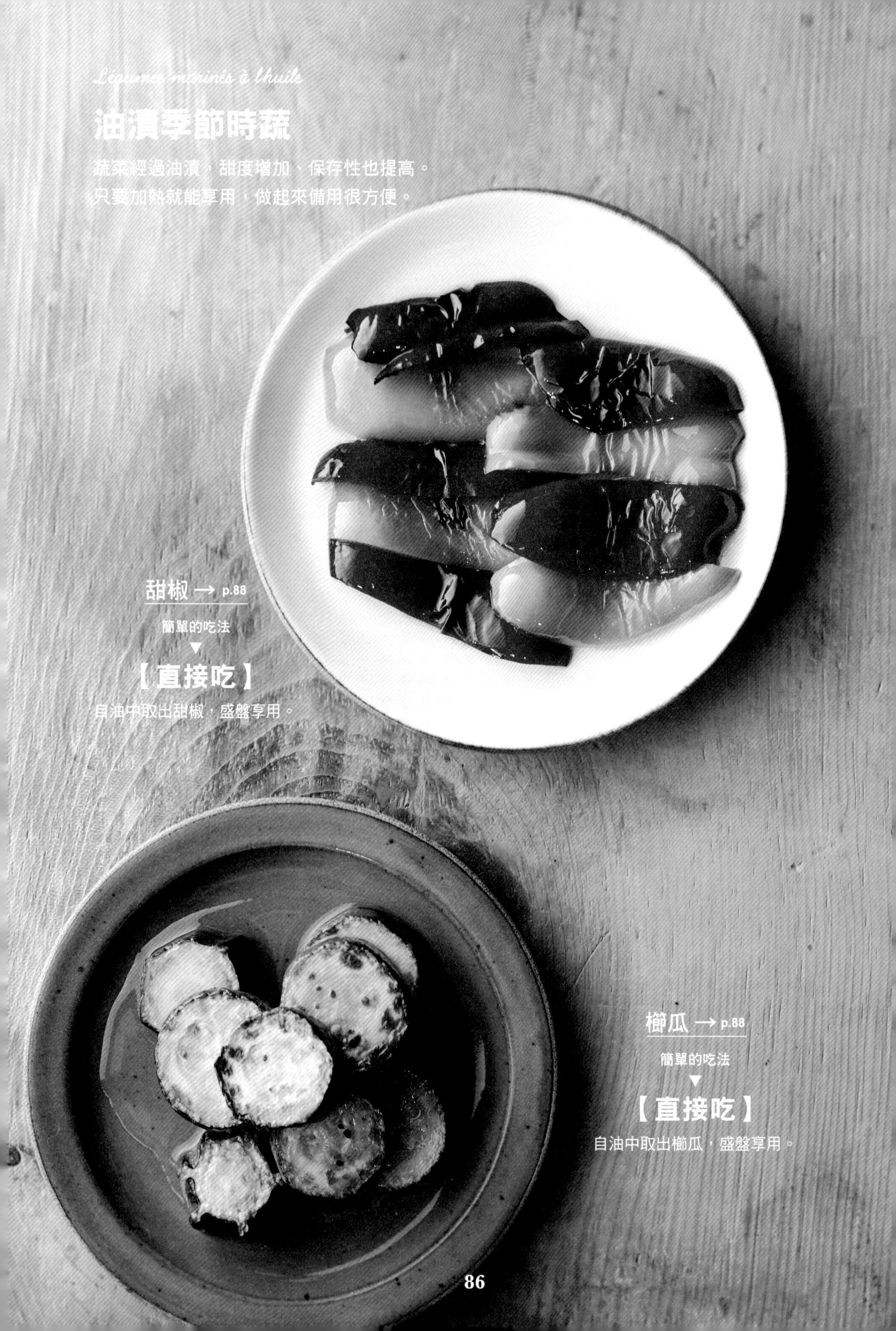

油漬季節時蔬

蔬菜經過油漬，甜度增加、保存性也提高。
只要加熱就能享用，做起來備用很方便。

甜椒 → p.88

簡單的吃法

▼

【直接吃】

自油中取出甜椒，盛盤享用。

櫛瓜 → p.88

簡單的吃法

▼

【直接吃】

自油中取出櫛瓜，盛盤享用。

小芋頭 → p.89

簡單的吃法

▼

【烤】

鹽烤小芋頭

小芋頭對半切開，用小烤箱烤至焦黃，
撒上鹽、胡椒，淋上橄欖油，
用湯匙品嘗。

茄子 → p.89

簡單的吃法

▼

【直接吃】

自油中取出茄子，盛盤享用。

Légumes marinés à l'huile

油漬季節時蔬

（4 種）

甜椒

甜椒烤過會變甜，請充分烤透至表
面出現焦色。

材料（方便製作的分量）

甜椒（紅、黃）…各 1 個
橄欖油、植物油…各適量
鹽…適量

作法

1 甜椒去蒂去籽，縱切成
6 ～ 8 等分。

2 平底鍋熱鍋後倒入橄
欖油，**1** 下鍋、蓋上鍋
蓋，燜烤至兩面上色。
起鍋後排入不鏽鋼方盤
等容器，撒上少許鹽
（p.89 上圖左），靜置約
30 分鐘。

3 裝入煮沸消毒過的密封
罐，倒入等量的橄欖油
和植物油，油量要剛好
蓋過甜椒，放進冰箱冷
藏保存。

櫛瓜

不帶特殊氣味，吃起來很順口。
建議選用當季有甜味的
櫛瓜來製作。

材料（方便製作的分量）

櫛瓜…2 條
橄欖油、植物油…各適量
鹽…適量

作法

1 櫛瓜切成 3cm 厚的圓
片。

2 平底鍋熱鍋後倒入橄
欖油，**1** 下鍋、蓋上鍋
蓋，燜烤至兩面上色。
起鍋後排入不鏽鋼方盤
等容器，撒上少許鹽
（p.89 上圖左），靜置約
30 分鐘。

3 裝入煮沸消毒過的密封
罐，倒入等量的橄欖油
和植物油，油量要剛好
蓋過櫛瓜，放進冰箱冷
藏保存。

烤出焦色的蔬菜撒上鹽，靜置一會兒入味。

小芋頭的外皮富含鮮味，烹調時請保留皮的部分。

茄子

烤過的茄子放入油裡醃漬就完成。
先在外皮上劃幾刀，
讓茄子更容易熟透。

材料（方便製作的分量）

茄子…2 條
橄欖油、植物油…各適量
鹽…適量

作法

1 在茄子外皮上劃幾刀，縱切成 3 等分。

2 平底鍋熱鍋後倒入橄欖油，1 下鍋、蓋上鍋蓋，燜烤至兩面上色。起鍋後排入不鏽鋼方盤等容器，撒上少許鹽（上圖左），靜置約 30 分鐘。

3 裝入煮沸消毒過的密封罐，倒入等量的橄欖油和植物油，油量要剛好蓋過茄子，放進冰箱冷藏保存。

小芋頭

小芋頭放入油中慢煮，
口感變得綿密鬆軟。

材料（方便製作的分量）

小芋頭…10 個
橄欖油、植物油…各適量

作法

1 將小芋頭的外皮洗乾淨，用廚房紙巾擦乾水分。

2 帶皮下鍋，倒入等量的橄欖油和植物油，油量要剛好蓋過小芋頭（上圖右）。開火加熱至 100℃，保持溫度煮約 1.5 小時直到小芋頭變軟。

3 連油一起裝入保存容器，放進冰箱冷藏保存。

Ratatouille

普羅旺斯燉菜

用茄子、番茄、櫛瓜等夏季蔬菜製作的南法燉煮料理。
冷藏靜置讓味道均勻滲透，變得更美味。

材料（方便製作的分量）

洋蔥…½顆

茄子…1 條

櫛瓜…1 條

西芹…1 根

番茄…2 顆

※ 若偏好較重口味，可用切塊番茄水煮
罐頭（1 罐）代替。

大蒜…1 瓣

橄欖油…適量

A
┌ 普羅旺斯綜合香草…½小匙
│ ※沒有的話，可從百里香、月桂
│ 葉、牛至、迷迭香當中選 2 種以
│ 上混合。
│ 葡萄酒醋…2 小匙
│ 砂糖…1 小撮
└ 鹽、胡椒…各適量

作法

1 大蒜之外的所有蔬菜全部切成 1cm 的小丁。

2 熱鍋後倒入橄欖油，大蒜下鍋炒香後，加入洋蔥拌炒。

3 待洋蔥炒軟，再加入茄子、櫛瓜、西芹一起拌炒。

4 等到全部炒至熟透、出現光澤，倒入番茄和 **A** 翻拌均勻。

5 蓋上鍋蓋，以小火燜煮 20～30 分鐘。關火靜置，冷卻至常溫後，裝入保存容器，放進冰箱冷藏保存。

【直接吃】

充滿蔬菜鮮味,趁熱、放涼都好吃。
可當作下酒菜或配菜享用。

Gaspacho

西班牙番茄冷湯

以番茄為基底，使用大量蔬菜製作的爽口冷湯。
放進冰箱冷藏靜置，讓味道充分入味。

材料（方便製作的分量）

番茄…200g	西芹…20g
小黃瓜…25g	葡萄酒醋…1 小匙
洋蔥…15g	鹽、胡椒…各適量
大蒜…½瓣	TABASCO 辣椒醬…少許
紅椒…1 個	橄欖油…2 大匙

作法

1 蔬菜切成適當大小，以便放入食物調理機中打碎。

2 橄欖油之外的所有材料倒入食物調理機攪打。

3 攪打至滑順狀，加入橄欖油繼續攪打。打勻後倒入保存容器，放進冰箱冷藏保存。

簡單的吃法
▼
【直接吃】
依喜好撒上巴西里末，
以及撕成小塊的烤長棍麵包享用。

Demi-sec de tomates

半乾小番茄

經過適度乾燥的「半乾」處理，番茄的鮮味濃縮，變得更香甜。
原本是用陽光曝曬，本書介紹以烤箱烘乾的簡單作法。

材料（方便製作的分量）

小番茄…20 個
大蒜…½瓣
鹽…3g
橄欖油…適量

事前準備

● 小番茄對半切開，大蒜切成薄片。

作法

1 小番茄的切面朝上，排入鋪好烘焙紙的烤盤，撒上蒜片。

2 撒上少許鹽，淋上橄欖油。

3 放進已預熱至 120℃的烤箱烤約 1 小時，直到小番茄的水分烤乾，但尚未烤焦的狀態。冷卻至常溫，裝入保存容器，放進冰箱冷藏保存。

簡單的吃法
▼
【直接吃】
依喜好撒上撕碎的平葉巴西里享用。

半乾小番茄入菜

半乾小番茄香蒜麵包片

能夠襯托出番茄濃郁甜味的簡單食譜。
烤至恰到好處的半乾小番茄，搭配麵包片享用，口感濕潤不乾柴。

材料（2 人份）

半乾小番茄…20 ～ 30 個
大蒜…1 瓣
羅勒葉…4 片
長棍麵包（切成 3cm 厚）…4 片
鹽、胡椒…各適量
橄欖油…20ml

作法

1　長棍麵包片以小烤箱烤至表面焦黃，趁熱用切半的
　　大蒜塗抹表面，留下蒜香。

2　半乾小番茄切半，羅勒葉撕成適當的大小。

3　把 2 放入調理盆，撒上少許鹽、胡椒，淋上橄欖油
　　拌勻。

4　把 3 擺在麵包片上即完成。

茄子泥佐萬用番茄醬汁

烤過的茄子剁成泥，搭配上濃郁的番茄醬汁。
番茄醬汁可以用在義大利麵等各種料理，多做一些保存起來備用很方便。

半乾小番茄入菜

材料（2人份）

茄子…3 條

＜萬用番茄醬汁＞

┌ 半乾小番茄…70g
│ 番茄醬…20g
│ 鹽、胡椒…各適量
│ 橄欖油…25ml
│ 葡萄酒醋…1 小匙
└ TABASCO 辣椒醬…少許

┌ 檸檬汁…¼顆的量
│ 橄欖醬…20g（作法請參閱 p.56。
A │   或使用市售品）
│ 鹽、胡椒…各適量
└ 橄欖油…20ml

蒔蘿…適量

作法

1 萬用番茄醬汁的材料倒入食物調理機打勻。

2 茄子外皮縱劃 4 刀，用鋁箔紙包好，放進已預熱至
200℃的烤箱烤 30 分鐘。拆開鋁箔紙，趁熱從劃開
的刀痕剝掉外皮，對半縱切、放進冰箱冷藏。

3 冰過的茄子用菜刀剁成泥。

4 把 **3** 和 **A** 放入調理盆拌勻，冷藏一晚。盤內舀入 **1**
的醬汁，擺上塑成橢圓形的茄子泥，依喜好佐以蒔
蘿做裝飾。

◎萬用番茄醬汁裝入保存容器，放進冰箱冷藏可保存 3 天
左右。

（由左至右）「Stephane TISSOT Crémant du Jura Blanc」（白‧氣泡）具有香檳等級的醇香與複雜風味。「Olivier COUSIN GROLLEAU Petillant」（紅‧微氣泡）酒色介於粉紅色與紅色之間。不加抗氧化劑釀造，展現果實的原始風味。「DOMAINE MARC TEMPÉ Alliance」（白）礦物味豐富，具有熱帶水果的印象。仔細觀察葡萄的成熟度，再以手摘釀造而成。「DOMAINE RICHAUD Terre d'Aigues」（紅）以完全不使用化學肥料、細心栽培的葡萄釀造而成。喝起來有如葡萄在口中化開一般順口，搭配任何料理都對味。「POTRON MiNET QUÉRIDA」（紅），Querida 在加泰隆尼亞語中為「摯愛」之意，濃縮了果實的鮮甜滋味。

經過酵母發酵產生酒精成分的葡萄酒，也是熟成之下的產物。我的店裡供應的葡萄酒，是百分之百產自法國的自然酒。自然酒很重視釀造過程與葡萄的品質、產地，盡可能遵循自然的製法釀酒。採用無農藥或減農藥栽培的葡萄為原料，以手摘方式採收，不讓大型機械破壞土地，盡量減少抗氧化劑的使用等；酵母則以天然酵母為主。「天然」兩字給人一種安心感，但卻無法避免腐敗菌等不良的影響，要讓味道均一並非易事。因此，即便產地或葡萄相同，自然酒的風味每年味道都充滿變化，品質也會隨環境時好時壞，就像人類一樣富有個性，趣味十足。近年來純培養酵母或菌種降低了品質不穩定的風險，使自然酒的釀造、發酵變得更容易。不過比起重視效率，保持從容的心去對待花時間細心栽培的食材，才能真正體會個中樂趣。

PART
4

D'autres

其他

可以進行熟成的食材還有很多。

像是經過油漬的起司，

能夠保存 1 個月左右。

入口即化的熟成起司是最棒的下酒菜。

也可以試著將當季水果製成半乾的果乾。

靜置入味的美味果醬或蛋糕

也都是熟成的一種。

Huile de fromage mariné

油漬起司

（3種）

起司、香草或香料一起放入油裡醃漬即可。
熟成後的起司柔軟滑順、入口即化，還能享受味道變化的樂趣。

白黴起司　　　藍黴起司　　　洗浸式起司

材料（方便製作的分量）

白黴起司（卡門貝爾起司〔Camembert〕或
　布里起司〔Brie〕等）…50g

藍黴起司（戈貢左拉起司〔Gorgonzola〕等）
　…50g

洗浸式起司（馬魯瓦耶起司〔Maroilles〕或
　艾帕斯起司〔Eepoisses〕等）…50g

偏好的香草或香料…適量
　（百里香、迷迭香、黑胡椒、小茴香、大蒜等）

橄欖油…適量
植物油…適量

作法

1 所有起司切成一口大小（如下圖），分別裝進煮沸消
　毒過的密封罐，各自加入偏好的香草或香料，倒入
　等量的橄欖油和植物油，油量要剛好蓋過起司。

2 蓋緊蓋子，放入冰箱蔬果室冷藏保存，待起司表面
　呈柔軟平滑狀即完成。

醃漬油再利用

油漬起司的油帶有起司與香草的風味，可用來製作淋
醬等調味料。油漬蔬菜（p.86）的油也可用來當作淋
醬或拌炒食材。油封肉（p.36、40）的油可拿來二次
油封，但海鮮類食材的醃漬油則不能再次利用。

起司經過油漬會融化，所以要切成
適當大小（約5cm的塊狀）以保留
口感，大小不均沒關係。

白黴起司

藍黴起司

洗浸式起司

簡單的吃法

▼

【直接吃】

自油中取出起司，直接品嘗。

油漬起司入菜

直接吃就很美味的油漬起司，

適合做成能夠突顯起司原味的簡單料理。

接下來介紹幾道使用油漬起司製作的簡易下酒菜和前菜。

白黴起司串 → p.104

洗浸式起司
單片三明治 → p.104

地瓜佐藍黴
起司 → p.105

白黴起司串

白黴起司不帶特殊氣味、風味濃郁，
與水果相當對味。
是一道很棒的派對小點。

材料

油漬白黴起司…適量
偏好的當季水果（草莓、柿子、無花果、葡萄、香蕉等）…適量
橄欖（去籽）…適量

作法

1 切成一口大小的水果與白黴起司用竹籤交互串起。
橄欖和起司也同樣交互串起即完成。

洗浸式起司
單片三明治

香濃的洗浸式起司擺在蘇打餅乾上，
製成這道風味簡單的小點。
稍微加熱一下，起司會軟化變得像抹醬一樣。

材料

油漬洗浸式起司…適量
蘇打餅乾（市售品）…適量
偏好的香草（平葉巴西里、細葉芹、蒔蘿等）…適量
橄欖（去籽）…適量
橄欖油、粉紅胡椒…各適量

作法

1 烤盤鋪上鋁箔紙，放上起司，用小烤箱稍微加熱
一下軟化。
2 把 **1** 和香草、切丁的橄欖擺在蘇打餅乾上，淋
上橄欖油、撒上粉紅胡椒即完成。

地瓜佐藍黴起司

蒸軟的地瓜佐以藍黴起司一起享用。
香甜的地瓜與蜂蜜，調和了藍黴起司獨特的氣味，
形成絕妙的甜鹹滋味。請選用甜一點的地瓜，這裡使用日本安納地瓜。

材料

油漬藍黴起司⋯適量

地瓜（安納地瓜、紫地瓜等）⋯適量

鹽、胡椒⋯各適量

蜂蜜⋯適量

核桃⋯適量

紅椒粉⋯適量

作法

1 地瓜蒸軟、對半縱切。

2 切面朝上擺入盤中，放上油漬藍黴起司。撒上鹽、胡椒，淋上蜂蜜。

3 撒上大略切碎的核桃，再依喜好撒上紅椒粉即完成。

Demi-sec de fruits

水果乾

水果切成薄片，放進烤箱烘乾水分就能讓甜度增加，
請多用幾種當季水果試做看看。

材料

偏好的當季水果（香蕉、蘋果、
奇異果、草莓、葡萄等）…適量

作法

1 所有水果切成約5mm厚的
片狀。擺在鋪好烘焙紙的烤
盤上，放入已預熱至100～
120℃的烤箱，烤1～1.5小
時左右，烘乾水分。

2 烘乾的水果片置於網架上放
涼，裝入保存容器，放進冰
箱冷藏保存。

簡單的吃法
▼
【直接吃】
當成點心或早餐享用。

Confiture de Berry

莓果醬

使用冷凍綜合莓果就能輕鬆製成的果醬。
冷藏靜置讓莓果的甜味與酸味均勻融合，形成有深度的滋味。

材料（方便製作的分量）

綜合莓果（冷凍）…500g
二砂（或砂糖）…350g
檸檬汁…5g（約⅛顆的量）

作法

1 將綜合莓果（冷凍）、二砂倒入調理盆中拌勻，靜置 1 ～ 2 小時（建議最好放一晚）。

2 待莓果釋出約等量的水分後，倒入鍋中。

3 以中小火加熱 20 ～ 30 分鐘，同時用橡皮刀持續攪拌，煮至濃稠狀。

4 加入檸檬汁，關火。降溫後，倒入煮沸消毒過的密封罐。等到完全冷卻，即可放進冰箱冷藏保存。

簡單的吃法
▼
【直接吃】

塗抹在烤過的長棍麵包片上享用。
搭配奶油起司一起吃也很美味。

La livre gâteau d'une châtaigne et miel

蜂蜜栗子磅蛋糕

散發淡淡蘭姆酒香、滋味濃郁的熟成蛋糕。
放到隔天以後享用，能品味到沉穩的酒香與濕潤飽滿的蛋糕體。

材料
（9cm×18cm×6cm 的
磅蛋糕烤模 1 個）

無鹽奶油…100g
糖粉…180g
蛋…200g（約 4 顆）
杏仁粉…100g
蜂蜜…10g

栗子抹醬（市售品）…80g
蘭姆酒…1 大匙
A ┌ 低筋麵粉…100g
  └ 泡打粉…3g

事前準備
● 奶油置於室溫下軟化。
● 糖粉過篩。A 的粉類混合後過篩。
● 烤箱預熱至 170 ～ 180℃。

作法

1 調理盆中放入奶油，一點一點加入糖粉混拌均勻。

2 打散的蛋液、杏仁粉兩者皆分 2 次加入，每次加入都要混拌均勻。

3 加入蜂蜜、栗子抹醬、蘭姆酒混拌，再分 2 ～ 3 次倒入 A 拌勻。

4 磅蛋糕烤模內塗抹少許奶油（分量外），鋪上烘焙紙。倒入 **3** 的麵糊，放入 170 ～ 180℃的烤箱烤 45 分鐘。

5 烤好後脫模，趁熱塗上大量的蘭姆酒（分量外）。

6 放涼後用保鮮膜包好，放進冰箱冷藏保存。

簡單的吃法

▼

【直接吃】

切分成偏好的厚度享用。
濃郁的風味很適合搭配葡萄酒等酒類享用。

VF0087X

鹽漬、油封、烘烤、冷藏
食材的熟成與活用（暢銷紀念版）

原 書 名	時間をおくだけで、どんどんおいしくなる 熟成レシピ
作 者	福家征起（Masaki Fuke）
譯 者	連雪雅

總 編 輯	王秀婷
責任編輯	張成慧
版 權	徐昉驊
行銷業務	黃明雪、林佳穎

發 行 人	涂玉雲
出 版	積木文化
	104台北市民生東路二段141號5樓
	電話：(02) 2500-7696｜傳真：(02) 2500-1953
	官方部落格：www.cubepress.com.tw
	讀者服務信箱：service_cube@hmg.com.tw
發 行	英屬蓋曼群島商家庭傳媒股份有限公司城邦分公司
	台北市民生東路二段141號11樓
	讀者服務專線：(02)25007718-9｜24小時傳真專線：(02)25001990-1
	服務時間：週一至週五09:30-12:00、13:30-17:00
	郵撥：19863813｜戶名：書虫股份有限公司
	網站：城邦讀書花園｜網址：www.cite.com.tw
香港發行所	城邦（香港）出版集團有限公司
	香港灣仔駱克道193號東超商業中心1樓
	電話：+852-25086231｜傳真：+852-25789337
	電子信箱：hkcite@biznetvigator.com
馬新發行所	城邦（馬新）出版集團 Cite（M）Sdn Bhd
	41, Jalan Radin Anum, Bandar Baru Sri Petaling, 57000 Kuala Lumpur, Malaysia.
	電話：(603) 90578822｜傳真：(603) 90576622
	電子信箱：cite@cite.com.my

日文原書協力人員

設計／牧 良憲

攝影／三村健二

造型／本鄉由紀子

編輯／矢澤純子

封面完稿	葉若蒂
內頁排版	優士穎企業有限公司
製版印刷	上晴彩色印刷製版有限公司

城邦讀書花園
www.cite.com.tw

國家圖書館出版品預行編目（CIP）資料

鹽漬、油封、烘烤、冷藏食材的熟成與活用
/ 福家征起著；連雪雅譯. -- 二版. -- 臺北市：
積木文化出版：家庭傳媒城邦分公司發行, 民
108.11
面； 公分暢銷紀念版
譯自：時間をおくだけで、どんどんおいしく
なる 熟成レシピ
ISBN 978-986-459-208-1(平裝)

1.食譜 2.烹飪

427.1 108016479

JIKAN WO OKUDAKEDE, DONDON OISHIKUNARU JYUKUSEI RECIPE
Copyright © 2014 Masaki Fuke
Copyright © 2014 Mynavi Publishing Corporation
Chinese translation rights in complex characters arranged with Mynavi Publishing Corporation
through Japan UNI Agency, Inc., Tokyo

2016年10月11日 初版一刷 Printed in Taiwan.
2021年4月6日 二版二刷
售 價／NT$450
ISBN 978-986-459-208-1
版權所有‧翻印必究